I0491532

AI x MARTECH: Inteligencia Artificial para el "*Stack*" de Mercadeo Tecnológico

Aprovechar el Potencial de *Soluciones basadas en Inteligencia Artificial* como Fórmula de Optimización del *Stack Tecnológico* para *Marketing*

| *La* **Inteligencia Artificial** *y el mercadeo son absolutamente complementarios.*

#Martech
#Stack

AI x MARTECH: Inteligencia Artificial para el "*Stack*" de Mercadeo Tecnológico
Curación: A. Vrant | + Forrester

Publicado por THE INK COMPANY Publishing, Inc. división de The INK Company, 1000E. Madison St. R. 118 Springfield, MO 65897

Para obtener más información, póngase en contacto al
+57 315 4186715 | Visítanos en https://www.tinkcit.com/

ISBN
9798666035641

CONTENIDO

CARACTERIZA-CION DE TERMINOS BASICOS

■ **Tecnología**
■ *"Solutions Stack"*
Mercadeo
■ *"Marketing Stack"*
■ **Tecnología de Mercadeo o** *"Martech"*
■ **Inteligencia Artificial | AI**

| ¿Qué tanto está conectado con la implementación y adopción de soluciones basadas en AI?

Tecnología

término
"ciencia de la artesanía", del griego τέχνη,
techne, "arte, habilidad, astucia de la
mano"; y -λογία, -logia

La tecnología es la suma de técnicas, habilidades, métodos y procesos utilizados en la producción de bienes o servicios o en el cumplimiento de objetivos. La tecnología puede ser el conocimiento de técnicas, procesos y similares, o puede integrarse en máquinas para permitir la operación sin un conocimiento detallado de su funcionamiento. Los sistemas (ex. máquinas) que aplican tecnología tomando una entrada, cambiándola de acuerdo con el uso del sistema y luego produciendo un resultado se denominan sistemas tecnológicos. La forma más simple de tecnología es el desarrollo y uso de herramientas básicas.

~

El descubrimiento prehistórico de cómo controlar el fuego es una manifestación tecnológica que ayudó a los humanos de múltiples formas.

La Tecnología, en la cual por supuesto se incluye Internet, ha disminuido las barreras físicas para la comunicación y han permitido que los humanos interactúen libremente a escala global. La tecnología tiene muchos efectos, pero entre otros, ha ayudado a desarrollar economías avanzadas. Las innovaciones tecnológicas siempre han influido en los valores de una sociedad y han generado nuevas preguntas en la ética de la tecnología; aquí se incluyen el surgimiento de la noción de eficiencia en términos de productividad humana y los desafíos futuros. Han surgido debates sobre el uso de la tecnología, con desacuerdos sobre si la aquella mejora o empeora la condición humana o el contexto de los negocios.

Pila de Soluciones
"Solutions Stack"
término

.

Originalmente un término de la informática, un *"Stack"* es un "paquete de soluciones", una pila de soluciones o una pila de *software* que incluye un conjunto de subsistemas de *software* o componentes necesarios para crear una plataforma completa de modo que no se necesite *software* adicional para soportar aplicaciones. Se dice que las aplicaciones "se ejecutan sobre" la plataforma resultante.

~

Para diseñar y desarrollar una aplicación web, el arquitecto de la solución define la pila como el sistema operativo, servidor web, base de datos y lenguaje de programación de destino. Otra versión de una pila de software es el sistema operativo, *middleware*, base de datos y aplicaciones. Regularmente, los componentes de una pila de *software* son creados por diferentes desarrolladores independientemente uno del otro. Tradicionalmente, el *"stack"* ha incluido ocasionalmente componentes de hardware como parte de un producto final, mezclando tanto el hardware como el software en capas de soporte. Se espera que un desarrollador de *"stacks"* completas pueda trabajar en todas las capas de la misma:

Fundation, Lower Levels and *Upper Levels.*

Mercadeo

término

.

El mercadeo, mercadotecnia o *"marketing"*, es la gestión de las relaciones de intercambio. Es el proceso comercial de identificar, anticipar y satisfacer las necesidades y deseos de los clientes. Debido a que se utiliza para atraer clientes, es uno de los componentes principales de la gestión empresarial y el comercio.

~

Independientemente de a quién se le comercialice, hay varios factores, incluida la perspectiva que utilizarán los especialistas o expertos en mercadeo; estas orientaciones del mercado determinan cómo es el acercamiento a la etapa de planificación (esto lleva a la mezcla de mercadeo o *"marketing mix"*, que describe los detalles del producto y cómo se venderá). Lo anterior a su vez puede verse afectado por el entorno que rodea al producto, los resultados de la investigación y las características del mercado objetivo del producto. Una vez que se determinan estos factores, los ejecutivos o directivos en mercadeo deben decidir qué métodos se utilizarán para comercializar el producto; esta decisión se basa en los factores analizados en la etapa de planificación, así como en la ubicación del producto en el ciclo de vida del mismo.

Pila de Mercadeo
"Marketing Stack"
término

.

Una "pila de mercadeo", también llamada "pila de tecnología de mercadeo", es una "colección" de tecnologías utilizadas por los especialistas y expertos de mercadeo para realizar, analizar y mejorar sus servicios.

~

Un vendedor es un empleado de una compañía cuyo trabajo es ayudar al negocio a lograr sus objetivos al mostrar la compañía de manera positiva al público, interactuar con los compradores actuales para garantizar que se mantengan activos con la compañía y llegar a compradores potenciales para llevarlos a nuevos negocios y aumentar las ventas; el *Stack* de mercadeo apoya integralmente y sistémicamente a la gestión comercial. | Las pilas de mercadeo son aprovechadas por los vendedores para ejecutar, analizar y mejorar sus actividades de mercadeo; esto, incluye todas las tecnologías que utilizan los equipos de mercadeo, desde el enriquecimiento de datos y su análisis (*big data / thick data*) hasta la automatización (que incluye entre otras tecnologías, aprendizaje de máquinas e inteligencia artificial).

"Martech"
ver: "Marketing technology Landscape"

.

En su definición más simple, *martech* es el acrónimo que representa la convergencia de mercadeo y tecnología, por sus primeras siglas en ingles puestas juntas; **"Martech"** es la combinación de *marketing* + *technology* (*Marketing Technology*). Prácticamente cualquier persona involucrada en el mercadeo digital está lidiando con *martech*, ya que por su propia naturaleza digital está basado en la tecnología. El término "martech" se aplica especialmente a las principales iniciativas, esfuerzos y herramientas que aprovechan la tecnología para alcanzar las metas y objetivos de mercadeo. | Es un concepto para que los especialistas - expertos en software de marketing y herramientas tecnológicas aprovechen para planificar, ejecutar y medir campañas. Las herramientas de "Martech" se utilizan para automatizar o agilizar procesos de mercadeo, recopilar y analizar datos, y proporcionar diversos medios para llegar a su público objetivo e interactuar con él.

~

El conjunto de herramientas que una empresa aprovecha para los procesos de mercadeo es lo que se conoce como la pila *Martech*, pila de tecnología de mercadeo o *"Martech Stack"*. Como tal, *martech* representa la intersección del mercadeo y la tecnología en el mundo empresarial altamente digital. Cualquier tipo de tecnología que tenga relación con las operaciones de mercadeo puede llamarse *"martech"*, ya sea que forme parte de una plataforma de análisis, una herramienta de referencia orientada a dispositivos o cualquier otro tipo de recurso digital o de alta tecnología. | Las manifestaciones del *martech* son abundantes en las sociedades actuales. Cualquier mercadeo en redes sociales, o cualquier mercadeo que tenga lugar en un entorno digital, es un caso de *martech*; así como, cualquier comercialización que se rastrea con sistemas digitales también es una forma de *martech*. Las empresas pueden usar diseños de *martech* para desarrollar plantillas para organizar campañas o, incluso, vincular el mercadeo con otros tipos de *software*, como la gestión de relaciones con los clientes o las plataformas de gestión de inventario. Las aplicaciones de *martech* son casi infinitas, existe una amplia combinación de proveedores de *martech*, automatización de mercadeo y soluciones tecnológicas en varios canales de marketing digital.

"Inteligencia Artificial"

término

.

La inteligencia artificial (IA), a veces llamada inteligencia de máquina, es inteligencia demostrada por máquinas, a diferencia de la inteligencia natural que muestran los humanos y los animales. Se ha definido como el estudio de los "agentes inteligentes": cualquier dispositivo que perciba su entorno y tome medidas que maximicen sus posibilidades de lograr con éxito sus objetivos. El término "inteligencia artificial" se usa a menudo para describir máquinas (o computadoras) que imitan funciones "cognitivas" que los humanos asocian con la mente humana, como "aprendizaje" y "resolución de problemas". A medida que las máquinas se vuelven cada vez más capaces, las tareas que se consideran que requieren "inteligencia" con frecuencia se eliminan de la definición de IA (un fenómeno conocido como efecto de IA).

~

Durante la mayor parte de su historia, la investigación de IA se ha dividido en subcampos que a menudo no se comunican entre sí; estos subcampos se basan en consideraciones técnicas, como objetivos particulares ("robótica", "aprendizaje automático", etc), el uso de herramientas particulares ("lógica", redes neuronales artificiales, etc) o profundas diferencias filosóficas. Los subcampos también se han basado en factores sociales (instituciones particulares, el trabajo de investigadores particulares, etc). | Los problemas tradicionales u objetivos de la investigación de IA incluyen razonamiento, representación del conocimiento, planificación, aprendizaje, procesamiento del lenguaje natural, percepción y la capacidad de mover y manipular objetos. Los enfoques incluyen métodos estadísticos, inteligencia computacional e inteligencia artificial simbólica tradicional. Se utilizan muchas herramientas en IA, incluidas las versiones de búsqueda y optimización matemática, redes neuronales artificiales y métodos basados en estadísticas, probabilidad y economía. El campo de la IA se basa en la informática, la ingeniería de la información, las matemáticas, la psicología, la lingüística, la filosofía y muchos otros campos. | El campo se fundó con el supuesto de que la inteligencia humana *"puede describirse con tanta precisión que se puede hacer una máquina para simularla"*. | Las técnicas de IA han experimentado un resurgimiento tras los avances simultáneos en potencia de la computadora, grandes cantidades de datos y comprensión teórica; y las técnicas de IA se han convertido en una parte esencial de la industria de la tecnología, ayudando a resolver muchos problemas desafiantes en ciencias de la computación, ingeniería de software, investigación de operaciones y mercadeo.

| *Si hay un tipo de IA que las empresas ven como un cambio de juego, son los* **chatbots**

¿ESTÁ LA INTELIGENCIA ARTIFICIAL TRANSFOR - MANDO EL MERCADEO DIGITAL?

La AI no es como la retratan en la ciencia ficción. ¿o si?

| *No se sabe qué podrá hacer la AI en el futuro cercano.*

Cuando imagina cómo se ve la inteligencia artificial (IA), puede estar pensando en una conciencia sintética desarrollada por los humanos, como lo retratan muchas películas de ciencia ficción. | Además del reino de la fantasía, la IA es simplemente un sistema que puede realizar tareas que normalmente requieren inteligencia humana. Estos incluyen la resolución de problemas o el reconocimiento de las emociones.

MERCADEO CON INTELIGENCIA ARTIFICIAL (DE UN SOLO VISTAZO)

El mercadeo con Inteligencia Artificial es un método de aprovechar la tecnología para mejorar el viaje del cliente. También se puede utilizar para aumentar el retorno de la inversión (ROI) de las campañas de mercadeo. Esto se logra mediante el uso de análisis de *big data*, aprendizaje automático y otros procesos para obtener información sobre su público objetivo. Con estos conocimientos, puede crear puntos de contacto más efectivos con el cliente. Ya sea que esté participando en el mercadeo por correo electrónico o brindando atención al cliente, la AI elimina muchas de las conjeturas involucradas en las interacciones con los clientes. En una escala mayor, puede usarse para automatizar procesos que alguna vez fueron dependientes de los humanos. La generación de contenido, los anuncios PPC e incluso el diseño web son aplicaciones posibles para el mercadeo con IA.

AI & MERCADEO DIGITAL

En el mundo del mercadeo digital, la IA puede optimizar integralmente y dentro de esto, optimizar campañas de mercadeo. También puede eliminar el riesgo de error humano. Si bien gran parte del mundo del mercadeo digital todavía depende del ingenio humano, un programa de inteligencia artificial podría generar un informe utilizando nada más que datos. Sin embargo, para conectarse realmente con sus clientes, aún necesitará el toque humano. La empatía, la compasión y la narración son atributos que las máquinas no pueden emular, al menos todavía no. Al final, la inteligencia artificial no está sujeta a limitaciones humanas.

~

Si la Ley de Moore se mantiene estable por un tiempo, no se sabe qué podrá hacer la AI en el futuro cercano.

| Hay innovaciones que podrían afectar a la industria del mercadeo a medida que el mezclarse con IA se vuelve *"mainstream"*.

CONTENIDO: AI PARA CURACIÓN Y GENERACIÓN

En la actualidad, el mercadeo de contenidos se ha convertido en una industria global. Es tan frecuente que algunos se refieren a él como el único tipo de mercadeo. La IA tiene el potencial de seleccionar y generar contenido, y luego colocarlo frente a las personas adecuadas en las plataformas adecuadas. Esta tecnología ya está automatizando la generación de contenido en un nivel básico, pero eventualmente, la IA podría generar temas viables para los escritores, o incluso desarrollar borradores iniciales de contenido basados en ciertos parámetros. En el lado de la estrategia, la IA tiene el potencial de ayudar a los especialistas y expertos en mercadeo a trazar una estrategia de contenido de extremo a extremo. Algunas herramientas de mercadeo ya ofrecen esta función. Podría predecirse incluso que, también generaría informes completos sobre iniciativas de contenido, con poco o ningún trabajo humano involucrado.

PUBLICIDAD DIGITAL MEJORADA POR AI

La inteligencia artificial también continuará cambiando la forma en que las empresas anuncian. De hecho, las estrategias de publicidad digital actuales serían imposibles sin una forma rudimentaria de IA. Incluso las carteleras electrónicas pueden funcionar con sistemas de entrega basados en IA. Estos sistemas funcionan de manera autónoma, colocando los tipos correctos de anuncios frente a los tipos correctos de personas en base a algoritmos complejos y *big data*. Esto es lo que se conoce como "publicidad programática". No hace mucho tiempo, el desarrollo de anuncios era principalmente un esfuerzo creativo. Todavía lo es, pero las empresas deben mirar más allá de la creatividad si quieren que sus anuncios sean efectivos. Hoy en día, se trata de apuntar y entregar el mensaje correcto. Los consumidores y compradores de empresa a empresa (B2B) se ven abrumados todos los días con anuncios. La mayoría de ellos son irrelevantes, por lo que simplemente cierran el anuncio o continúan con su próxima tarea. Cuando esto sucede, los anunciantes pierden dinero. Con la AI, las empresas pueden optimizar su retorno de la inversión colocando solo anuncios frente a lo relevante.

CHATBOTS

Si hay un tipo de IA que las empresas ven como un cambio de juego, son los *chatbots*; los *chatbots* ya están en numerosos sitios web, ya que se destacan por responder las preguntas frecuentes de los clientes. La fascinación clave con los *chatbots* es el impacto que pueden tener en la experiencia del cliente. Para algunas empresas, no hay suficientes empleados u horas en el día para responder rápidamente a las consultas de los clientes. Los *chatbots* permiten que los clientes se ayuden a sí mismos. Sin embargo, hay una forma correcta y una manera incorrecta de usar *chatbots*. Esta tecnología nunca debería tener la última palabra con respecto a una queja del cliente. También debería ser fácil para un cliente potencial o cliente hablar con un humano si así lo prefiere. El verdadero potencial radica en los *chatbots* (realmente) inteligentes, a diferencia de los *chatbots* simples que se ven habitualmente. Estos son sistemas impulsados por IA que se comunican con humanos utilizando respuestas generadas originalmente en tiempo real. En el futuro, no sorprendería ver que los *chatbots* se dedican a la prospección de ventas, la generación de *leads* y al servicio al cliente.

ANÁLISIS DE COMPORTAMIENTO Y ANÁLISIS PREDICTIVO

Cada vez más empresas contratan profesionales como científicos de datos y programadores para sus departamentos de mercadeo. Esto se debe a que sus habilidades pronto serán la columna vertebral de la mayoría de las campañas de mercadeo. Internet es como un laboratorio gigante de ciencias del comportamiento, pero hay tantos conjuntos de datos que los humanos no pueden esperar analizarlos a todos. Ahí es donde entra la IA. Mediante el aprendizaje automático y el análisis de *big data*, AI puede proporcionar a las empresas una visión profunda de sus clientes.

Las empresas no solo podrán *hiperpersonalizar* las interacciones, sino que es fácil imaginar que también podrán predecir los futuros comportamientos de los clientes en función de los datos recopilados. Las empresas están invirtiendo mucho dinero en inteligencia artificial. A medida que ocurran más casos de uso de IA, descubriremos las formas más y menos efectivas de aplicar esta tecnología en mercadeo y en mercadeo digital.

| Imagine: los anuncios pueden comprarse automáticamente y luego personalizarse a escala.

AI * MARTECH: CLIENTES CADA VEZ MAS INTELIGENTES

Los clientes cada vez son más exigentes y más "difíciles" pues cada vez son más inteligentes debido a toda la información disponible.

| El mercadeo se enfrenta a una complejidad sin p recedentes para llegar a los clientes durante todo su ciclo de vida.

Para satisfacer las demandas de los clientes multi-dispositivos y entrenados, los especialistas & expertos en mercadeo necesitan tecnología para mantener el ritmo; aquí es donde entra la INTELIGENCIA ARTIFICIAL..

Por esa razón, *las soluciones de mercadeo impulsadas por* INTELIGENCIA ARTIFICIAL *son poderosas herramientas para el vendedor o comercializador moderno* que debe ofrecer las experiencias personalizadas que los clientes demandan.

Si bien la INTELIGENCIA ARTIFICIAL ha pasado de la lengua vernácula (algo de lo que "todos" hablan) al conjunto de herramientas común de muchos especialistas & expertos en mercadeo, muy pocos están colaborando con soluciones autónomas de la INTELIGENCIA ARTIFICIAL y, por lo tanto, están perdiendo el potencial de la INTELIGENCIA ARTIFICIAL para resolver sus desafíos más apremiantes.

| *Estamos en una era de comportamiento fragmentado y multiservicios al consumidor.*

AI * MARTECH: DESAFIOS APREMIANTES

›› ›› ››

¿Qué nos depara el futuro en cuanto a la tecnología para mercadeo?

Desafío 01 ››

| *Los especialistas &*
expertos en mercadeo
necesitan más y
mejor tecnología, ahí
es donde entra la
Inteligencia
Artificial.

La adopción del mercadeo impulsado por INTELIGENCIA ARTIFICIAL, se dispara cada vez más alto, lo que refleja avances cada vez mayores retos de INTELIGENCIA ARTIFICIAL en la *tecnología de mercadeo* (*martech*) y la necesidad de los vendedores & mercadologos de tomar mejores decisiones, de mayor productividad y de una ejecución más rápida.

La mayoría de los especialistas & expertos en mercadeo implementan INTELIGENCIA ARTIFICIAL para apoyar tareas de campaña táctica con capacidad de asistencia (*assisted AI*), en lugar de colaborar con la INTELIGENCIA ARTIFICIAL autónoma.

Desafío 02 ››

| *Tratar* *la* *Inteligencia* *Artificial* *como* *se* *trata* *al* *antiguo* **martech,** *limita* *el* *potencial* *tanto* *del* *Mercadeo* *como* *de* *la* *AI.*

A pesar de la prevalencia de la INTELIGENCIA ARTIFICIAL en el mercadeo, muy pocos especialistas & expertos en mercadeo dicen que su conjunto de soluciones integradas de mercadeo actual (lo que frecuentemente se llama *"stack"*), respalda muy bien sus objetivos clave.

Sin embargo, estos especialistas & expertos en mercadeo están atrapados en una complejidad que está frenando la relevancia, la precisión y la flexibilidad de sus esfuerzos de compromiso con el cliente.

La INTELIGENCIA ARTIFICIAL debería ayudar a afrontar retos y resolver problemas, no contribuir a la complejidad creciente del *martech*, pero también debe adoptar un enfoque asistido por INTELIGENCIA ARTIFICIAL.

Desafío 03 ››

| *El mercadeo autónomo impulsado por la* **Inteligencia Artificial,** *libera el potencial del mercadeo centrado en el cliente.*

Los ejecutivos & directivos que han evolucionado para colaborar con soluciones de INTELIGENCIA ARTIFICIAL autónomas demuestran que este enfoque paga dividendos significativos.

Los especialistas & expertos en mercadeo autónomo con INTELIGENCIA ARTIFICIAL informan que son más efectivos en la forma en que usan los datos, han visto mejoras en la experiencia del cliente y, en última instancia, están impulsando campañas de mercadeo más efectivas.

La colaboración con la INTELIGENCIA ARTIFICIAL autónoma los libera, para centrarse más en los esfuerzos de mercadeo estratégico, como el diseño & desarrollo de propuestas de valor, en lugar de tareas de gestión de tecnología que solo requieren de memoria.

Desafío 04 ››

| *La reinvención es obligatoria para atender y comprender sistemáti ca - mente a clientes mejor empoderados.*

Mercado ERS deben centrarse menos en saliente comunicación y más en creando una estafa ciclo continuo de *Insights* impulsada por interacciones personalizadas.

Desafío 05+ ››

| Malgastar el presupuesto de mercadeo

Las herramientas con tecnología de INTELIGENCIA ARTIFICIAL pueden mejorar la productividad y la eficiencia de los equipos de mercadeo, aliviando la presión presupuestaria y optimizando los recursos disponibles; ¿cómo?, sobrecargando los fundamentos de mercadeo, el *marketing mix* (es decir, producto, precio, promoción, plaza).

La INTELIGENCIA ARTIFICIAL puede:

- entregar servicios más rápidos y más relevantes,
- automatizar cada canal con la orientación de la campaña y las ofertas en tiempo real en los anuncios digitales, y,
- entregar comunicaciones personalizadas.

Desafío 06+ ››

| Luchar para mantenerse al día con el rápido ritmo de las interacciones

La INTELIGENCIA ARTIFICIAL puede proporcionar la escala que los ejecutivos & directivos de mercadeo necesitan para crear las experiencias personalizadas que los clientes demandan.

Se pueden identificar tantos escenarios como sea necesario y utilizar docenas de parámetros para optimizar la promoción correcta en tiempo real y en contexto.

Desafío 07+ ››

| Contratar, retener y reorientar equipos de mercadeo

Los desafíos relacionados con el reclutamiento, la retención y la capacitación de los empleados de mercadeo son comunes; la INTELIGENCIA ARTIFICIAL puede aumentar las capacidades existentes y reemplazar las tareas de mercadeo mundanas para que los equipos puedan enfocarse en desarrollar habilidades humanas invaluables que continuarán impulsando la disrupción de la marca y aumentando la demanda, como la creatividad, la comunicación y la narración basada en datos.

Desafío 08+ ››

| *Administrar e integrar numerosas tecnologías complejas*

No es sorprendente que esto haya agobiado a los especialistas & expertos en mercadeo con la difícil tarea de examinar las opciones disponibles para seleccionar, implementar y conectar las herramientas adecuadas. Las herramientas autónomas de INTELIGENCIA ARTIFICIAL pueden ayudar a atravesar el laberinto de *Martech*.

Puede digerir los datos y los clientes en el contexto de múltiples sistemas, implementar modelos de autoaprendizaje que van más allá de las predicciones estáticas, y unir a las interacciones de marca a través puntos de contacto (*Touch Points*).

Desafío 09+ ››

| Dificultad para traducir los conocimientos de los clientes en resultados de mercadeo accionables

Los vendedores & mercadólogos se enfrentan a una avalancha de datos; afortunadamente, uno de los puntos fuertes de INTELIGENCIA ARTIFICIAL es su capacidad para conectar los puntos dentro de volúmenes de datos de manera que el análisis humano es poco probable que descubra patrones significativos o valiosos sin un equipo de científicos de datos y una inversión sustancial de tiempo.

La INTELIGENCIA ARTIFICIAL autónoma puede actuar preventivamente para que los encargados de la toma de decisiones de mercadeo puedan aprovechar los beneficios inmediatos, como la personalización, la detección de ideas y la optimización dinámica del contenido.

| El mercado del "martech" es enorme; se conocen ya cerca de 100 categorías.

AI * MARTECH & LA PERSONALIZA - CION DE PRODUCTOS Y SERVICIOS

La Personalización de Productos y Servicios pone nuevas demandas al Mercadeo y su Tecnología

| La **Inteligencia Artificial** en proyectos que intentan reemplazar completamente la inteligencia humana son receta para el fracaso.

INTELIGENCIA AUMENTADA =

INSIGHTS de AI

MEJORES DECISIONES

ORQUESTACION de AI

MAYOR PRODUCTIVIDAD

**JUICIO HUMANO
& CREATIVIDAD**

**RAPIDO DESARROLLO de
SOLUCIONES COMPLETAS**

FUENTE: FORRESTER

El mercadeo impulsado por *AI*…

...tiene el potencial de usar técnicas informáticas y estadísticas:

- el aprendizaje de macros
- el procesamiento del lenguaje natural
- el modelado predictivo

...para monitorear y automatizar los procesos de mercadeo, como:

- la recopilación de datos
- el análisis
- la experimentación

...para optimizar de manera continua y eficiente:

- el rendimiento integral del mercadeo
- la ordenanza o ejecución de campañas
- la compra de medios

No es sorprendente que un aumento de la implementación – adopción de la INTELIGENCIA ARTIFICIAL para mercadeo se correlacione con la disminución de la dependencia de la marca en campañas que son únicamente para impulsar el éxito de estas.

Si bien las campañas siguen desempeñando un papel en llegar al público de consumo, ahora están en juego dentro de estrategias más amplias de participación del cliente.

Para mantenerse relevantes, los especialistas & expertos en mercadeo deben centrarse menos en la comunicación saliente y más en crear un ciclo continuo de interacciones personalizadas basadas en la información.

La tecnología de mercadeo muchas veces solo admite la implementación de campañas, esto es inadecuado para participar de manera efectiva en la gestión de clientes "exigentes" que esperan interacciones altamente personalizadas entregadas en el momento y lugar adecuado.

De hecho, se oye en los pasillos de internet que casi nueve de cada diez líderes de mercadeo tienen capacidad para ofrecer soluciones de mercadeo personalizado en todos los canales, dispositivos *y* etapas del ciclo de vida del cliente, por lo que, esto es importante para el éxito de sus programas de mercadeo.

Los procesos de mercadeo basados en reglas tradicionales y además, tecnologías fragmen - tadas de participación del cliente, inhiben la velocidad y la toma de decisiones complejas que requieren las experiencias modernas del cliente.

| Para entregar con agilidad y a escala, mercadeo debe complementar sus capacidades con **Inteligencia Artificial.**

AI * MARTECH & EL APROVECHA - MIENTO DE SOLUCIONES AUTONOMAS

Pocos *Mercadólogos* están aprovechando las Soluciones de Inteligencia Artificial Autónoma

| La **Inteligencia Artificial** y el mercadeo al hacer trabajo en conjunto, logran una estrategia y ejecución formidables.

AI ASISTIDA

- Evidencia *Insights* que se deben tener en cuenta durante la toma manual de decisiones.

- Admite decisiones de campaña aisladas, como recomendaciones de ofertas.

AI AUTONOMA

- Colabora con la tecnología en lugar de operaria: la máquina hace recomendaciones y solicitudes de colegas.

- Orquestación, ejecución, optimización y evolución de campañas completamente impulsadas por máquinas.

FUENTE:
FORRESTER

La mayoría utiliza la INTELIGENCIA
ARTIFICIAL para:

- Lograr asistencia de capacidad o de funcionamiento
- Revelar ideas para que mercadeo considere durante la toma de decisiones manual (como canales para asignar gastos en contra)
- Apoyar decisiones de campaña aisladas (como el tiempo de envío de emails o las recomendaciones de ofertas).

| La **Inteligencia Artificial**
aporta potentes recursos para análisis complejos y descubrir patrones velozmente, mientras que los humanos proporcionan creatividad y juicio.

Por otra parte, el *martech* debería colaborar con soluciones autónomas de INTELIGENCIA ARTIFICIAL para aumentar su propia inteligencia: *las máquinas se centran en realizar grandes tareas que consumen mucho tiempo, mientras que los humanos aplican su conocimiento a las ideas que surgen para mejorar (e incluso reiniciar) los procesos de mercadeo*

Si bien un enfoque de asistencia puede acelerar ciertas tareas orientadas a las campañas, se alienta a los especialistas & expertos en mercadeo a tomar decisiones amplias en los casos en que se necesiten matices de asistencia.

La INTELIGENCIA ARTIFICIAL opera en el contexto de los procesos existentes y el complejo *"martech stack"*, con el riesgo de contribuir, en lugar de resolver, desafíos de ejecución de mercadeo personalizados.

Aunque los especialistas & expertos en mercadeo no deberían tener una fe ciega en las máquinas, tampoco deberían recurrir por miedo a soluciones más limitadas que no son asistidas por INTELIGENCIA ARTIFICIAL.

En cambio, necesitan estudiar cómo la INTELIGENCIA ARTIFICIAL toma decisiones para que puedan aprender, adaptarse, colaborar y generar resultados comerciales a partir de ellos.

El sesgo de tomadores de decisiones sobre INTELIGENCIA ARTIFICIAL asistida se refleja en su visión limitada de la aplicación de la INTELIGENCIA ARTIFICIAL al mercadeo: *tienden a ver el mercadeo con INTELIGENCIA ARTIFICIAL como apoyar primariamente las tareas de campaña tácticas.*

Pero, si bien la INTELIGENCIA ARTIFICIAL (especialmente cuando se usa de manera verdaderamente autónoma dentro o fuera de los canales) tiene el poder de impulsar la ejecución de la campaña a escala y un valor comercial más profundo, solo un poco más del 20% de los ejecutivos & directivos, se da cuenta de que puede satisfacer ambas necesidades.

| El resultado de la Inteligencia Artificial y el Mercadeo son mejores decisiones, mayor productividad y una ejecución más simple de soluciones complejas.

AI * MARTECH & EL DESATAR SU POTENCIAL

Utilizar
Inteligencia
Artificial como la
utilizan las
generaciones
anteriores de
tecnología, limita
su potencial.

| ~ 50% de las personas considera que su pila de soluciones de mercadeo **(marketing stack)** actual, respalda muy bien sus objetivos principales*.

* Estudio de Forrester

Los especialistas & expertos en mercadeo están bajo presión para mejorar los objetivos centrados en el cliente y los KPIs comerciales, como la efectividad de la campaña y el rendimiento de los presupuestos de mercadeo.

Si bien la penetración de la
INTELIGENCIA ARTIFICIAL en
el mercadeo debería acelerar el logro de
estos objetivos, el predominio de
las soluciones asistidas por
INTELIGENCIA ARTIFICIAL aun deja
mucho que desear.

››

| *Las herramientas de* **Inteligencia Artificial** *disponibles no pueden ser manejadas solo por humanos.*

Los especialistas & expertos en mercadeo que continúan agregando tecnologías de INTELIGENCIA ARTIFICIAL en aplicaciones exclusivamente operativas y no autónomas corren el riesgo de quedar atrapados en la complejidad de la ejecución.

Si bien hay una visión adicional, no se aborda la complejidad operativa y la técnica fundamental que acelera el rendimiento del mercadeo; la complejidad, sin embargo, es una amenaza para los objetivos operativos que se priorizan.

〉〉

| *Se dice que la complejidad del* **martech stack** *es la responsable de los resultados de un "engagement deslucido".*

La INTELIGENCIA ARTIFICIAL debería estar resolviendo la complejidad actual, sin agravarla con estrategias o tácticas de INTELIGENCIA ARTIFICIAL operativas y desarticuladas.

Como renacimiento del mercadeo, la INTELIGENCIA ARTIFICIAL, está habilitando vendedores & mercadólogos a personalizar las experiencias de marca en tiempo real, de manera eficiente, y a escala; algunas organizaciones son capaces de aprovechar ese potencial completo.

››

| *Las marcas consideran el enfoque para* **Inteligencia Artificial** *de "operación versus colaboración"*

Otro estudio de *Forrester* reveló además que, más de un tercio de las personas dice que la INTELIGENCIA ARTIFICIAL contribuye a la falta de flexibilidad en su capacidad de innovar y hace que el desarrollo y la ejecución de la campaña demoren más de lo debido.

El enfoque de "operación versus colaboración" funciona para ser mutuamente excluyentes en lugar de trabajar en un espectro o progresión de capacidad; los especialistas & expertos en mercadeo fuera de la ola de INTELIGENCIA ARTIFICIAL se perderán el poder de esta para resolver sus <u>desafíos más apremiantes</u>.

| *La AI es como el renacimiento del mercadeo.*

AI * MARTECH & PREOCUPACION SOBRE EL CONTROL

Las preocupaciones sobre el control impiden al mercadeo continuar la curva hacia la *Inteligencia Artificial* autónoma.

| *Lo operativo o asistido, reprime y retiene el progreso, la madurez, el aumento sostenible del rendimiento de mercadeo.*

Para aprovechar estos beneficios, los especialistas & expertos en mercadeo deben aprender a colaborar con la INTELIGENCIA ARTIFICIAL y evitar perder tiempo en procesos manuales que dicha tecnología es capaz de manejar de forma autónoma.

Sin embargo, un factor crucial que impide que las empresas pasen de las soluciones de INTELIGENCIA ARTIFICIAL asistidas a la cooperación colateral, es la pérdida percibida de control.

A muchos les preocupa que la INTELIGENCIA ARTIFICIAL pueda conducir a una pérdida de control sobre las decisiones y la estrategia de mercadeo, cerca del 70% de los directores expresan esta preocupación.

Los directivos e interesados que se sienten amenazados por la pérdida de control pueden priorizar las inversiones en INTELIGENCIA ARTIFICIAL operativa o asistida en lugar de soluciones autónomas.

Priorizar la INTELIGENCIA ARTIFICIAL operativa o asistida, reprime su progreso hacia la madurez de esta y al aumento sostenible del rendimiento del mercadeo.

Se atribuyen varios beneficios a estas herramientas basadas en INTELIGENCIA ARTIFICIAL que colectivamente posicionan mejor para unir sistemas dispares en formas más eficientes de aprovechamiento de volúmenes de datos y toma decisiones respaldadas por información casi en tiempo real.

Esto, a su vez, libera de tareas de trabajo de bajo valor, manual y repetitivo para enfocarse en esfuerzos estratégicos de mercadeo como el desarrollo de propuestas de valor y la experiencia del cliente. Incorporar soluciones de INTELIGENCIA ARTIFICIAL autónomas de esta manera les permitirá aumentar la velocidad y la eficiencia mientras impulsa relaciones más productivas con los clientes.

| La **Inteligencia Artificial** autónoma en Canales Transversales posiciona al Mercadeo para los resultados en un futuro liderado por Consumidores

AI * MARTECH & REFORMAR EL FUNCIONAMIEN TO DE LAS TECNOLOGIAS

La Inteligencia Artificial reformará el cómo funcionan el Mercadeo con las Tecnologías.

| *Las marcas han tenido que redefinir qué elementos quieren controlar internamente y cuáles desean externalizar.*

Las tecnologías continuarán multiplicándose y madurando, y cada vez capacidades autónomas más potentes brindarán a los equipos de mercadeo el regalo del tiempo y la ejecución 24x7 a un alto nivel para que puedan concentrarse en un trabajo más valioso mejorando sus programas de mercadeo personalizados.

A medida que los especialistas & expertos en mercadeo se den cuenta de las eficiencias del mercadeo impulsado por la INTELIGENCIA ARTIFICIAL, deberán planificar el impacto que tendrá en sus procesos de mercadeo a medida que las máquinas inteligentes asuman la construcción y la gestión de planes publicitarios bajo la lupa delante de los ojos de un gerente humano.

A medida que el papel de los líderes de mercadeo se extiende más allá de las comunicaciones al mercadeo personalizado, el papel de las organización / grupos también se está redefiniendo, lo que lleva a las marcas a redefinir qué elementos quieren controlar internamente y cuáles desean externalizar.

La INTELIGENCIA ARTIFICIAL continuará acelerando este cambio hacia adelante tomando las riendas de la empresa a medida que la INTELIGENCIA ARTIFICIAL autónoma tome la audiencia y la optimización creativa en concierto con las funciones de compra de medios y gestión publicitaria.

Las marcas que hacen la transición a las capacidades de medios digitales internos tienen una oportunidad única de reevaluar sus capacidades técnicas junto con el cambio de recursos; la adopción de la INTELIGENCIA ARTIFICIAL y las mejoras tecnológicas tienen mucho sentido; al mismo tiempo, aprovechar la AI cambia los requisitos de recursos, posiblemente requiriendo mayores necesidades creativas interna o externamente.

| Si, la **Inteligencia Artificial** es una herramienta más, aunque muy poderosa, que debe tenerse en cuenta.

AI * MARTECH: RECOMENDA - CIONES CLAVE

**Complejidad
Sofisticación
Procesos
Tecnología**

| *Tres recomendaciones clave…*

La complejidad y la sofisticación del mercadeo moderno están superando rápidamente los procesos de mercadeo, su tecnología y los conjuntos de habilidades existentes. Súmele velocidad y tiene algo imparable.

Para cerrar la brecha y mantener fuertes ganancias en las inversiones de mercadeo, los especialistas & expertos en mercadeo deben emplear siempre la INTELIGENCIA ARTIFICIAL autónoma como una capa operativa en la parte superior de la **pila de tecnología de mercadeo** (el *Stack* **de Mercadeo**).

Las marcas sobresalientes desarrollarán ventajas competitivas cuando aprovechen la inteligencia artificial para mejorar su comprensión de las necesidades del cliente, complementar las habilidades y organizaciones internas y lograr el compromiso de alta velocidad de escalamiento de los clientes.

La INTELIGENCIA ARTIFICIAL autónoma presenta una oportunidad única en una generación para innovar en torno a cómo funciona el mercadeo en lugar de reformular y reforzar las capacidades y los prejuicios existentes…

>>

SOLUCIONES DE INTELIGENCIA
ARTIFICIAL QUE APOYAN LA
FUNCIÓN DE SU EQUIPO DE
MERCADEO IDEAL.

Los especialistas & expertos en mercadeo deben considerar dónde sus equipos   actualmente generan interrupciones   significativas, creatividad y distinción de categoría, y dónde existe el potencial para más.

Al identificar las tareas que requieren mucho tiempo y tareas que se interponen en el camino de estas áreas de crecimiento y   dirigir las soluciones autónomas   de INTELIGENCIA   ARTIFICIAL para agilizar las tareas manuales, los directivos despejarán el camino para cumplir con las prioridades comerciales al tiempo que implementan fortalezas humanas únicas para impulsar a los clientes al compromiso.

>>

ADAPTACION DE LOS PROCESOS DE MERCADEO PARA MAXIMIZAR EL IMPACTO DE LA INTELIGENCIA ARTIFICIAL.

Para obtener todos los beneficios de la INTELIGENCIA ARTIFICIAL, las marcas deben ajustar sus procesos para que coincidan con la profundidad de las investigaciones que generan, la estrategia para personalizar a nivel de cliente granular, el progreso creativo para *microsegmentos* y la velocidad general de entrega y optimización.

La clave para adaptarse a los <u>sistemas accionados por INTELIGENCIA ARTIFICIAL</u> es el mantenimiento de la transparencia y de control adecuado, que se logra con claridad, y, dentro de los cuales los sistemas operan con resultados de valor atípico, así como el desarrollo de la medición de campañas y gestión de grupos de control sin impedir velocidad y efectividad.

>>

ACELERAR LA TRANSICIÓN A LA INTELIGENCIA ARTIFICIAL AUTÓNOMA.

El viaje de mercadeo impulsado por INTELIGENCIA ARTIFICIAL debe extenderse de asistido a autónomo para obtener todos los beneficios de las capacidades conjuntas de INTELIGENCIA ARTIFICIAL y humanas. La ejecución de la máquina es impulsada para obtener el máximo rendimiento de experiencias de clientes personalizadas.

Las empresas pueden allanar el camino para una adopción de INTELIGENCIA ARTIFICIAL autónoma más rápida y productiva a través de **Dos Enfoques Paralelos**....

- **Primer Enfoque**, desarrolle una hoja de ruta para cerrar proactivamente la brecha entre las aplicaciones de INTELIGENCIA ARTIFICIAL operativas
y autónomas. Al planificar con anticipación y preparar las capacidades del personal y la tecnología para la transición a lo largo de plazos definidos, las empresas pueden evitar obstáculos e interrupciones comunes del proceso.

- **Segundo Enfoque**, no espere para comenzar a probar aplicaciones de INTELIGENCIA ARTIFICIAL autónomas para evaluar el ajuste y el rendimiento. El éxito temprano en casos de uso específicos proporciona credibilidad para la hoja de ruta completa de INTELIGENCIA ARTIFICIAL.

| Las organizaciones de mercadeo necesitan adaptar sus enfoques operativos en paralelo con la tecnología.

REFERENCIAS

Martech For B2C Marketers" Forrester Research, Inc., Q1, 2018.

"Artificial Intelligence Will Spark A Real Marketing Renaissance," Forrester Research, Inc. | "Leverage AI To Improve Marketing Efficiency," Forrester Research, Inc., Q2, 2018.

"Unlock Customer Context With Marketing Technology," Forrester Research, Inc., Q3, 2018.

"Augmented Intelligence Unlocks The Intelligence In AI," Forrester Research, Inc., Q4, 2018.

"How AI Is Transforming Advertising And What You Should Do About It," Forrester Research, Inc.

How Artificial Intelligence Is Transforming Digital Marketing https://www.forbes.com/sites/forbesagencycouncil/2019/08/21/how-artificial-intelligence-is-transforming-digital-marketing/#1417c3ca21e1

https://en.wikipedia.org/wiki/Artificial_intelligence

ISBN
9798666035641

#Martech
#Stack

| *La **Inteligencia Artificial** y el mercadeo son absolutamente complementarios.*

Aprovechar el Potencial de *Soluciones basadas en Inteligencia Artificial* como Fórmula de Optimización del *Stack Tecnológico* para *Marketing*

AI x MARTECH:
Inteligencia Artificial para el *"Stack"* de
Mercadeo Tecnológico